洋洋兔 编绘

求学治国

石油工业出版社

图书在版编目（CIP）数据

求学治国/洋洋兔编绘. — 北京：石油工业出版社，2023.12
（中国古代名人家训）
ISBN 978-7-5183-6430-5

Ⅰ.①求… Ⅱ.①洋… Ⅲ.①家庭道德–中国–古代–青少年读物 Ⅳ.①B823.1-49

中国国家版本馆CIP数据核字(2023)第216291号

求学治国
洋洋兔　编绘

选题策划：王　昕　曹敏睿
责任编辑：王　磊
责任校对：刘晓雪
出版发行：石油工业出版社
　　　　　（北京安定门外安华里2区1号100011）
网　　址：www.petropub.com
编 辑 部：(010)64252031
图书营销中心：(010)64523731　64523633
经　　销：全国新华书店
印　　刷：河北朗祥印刷有限公司

2023年12月第1版　　2023年12月第1次印刷
710毫米×1000毫米　开本：1/16　印张：5
字数：50千字

定　　价：30.00元
（图书出现印装质量问题，我社图书营销中心负责调换）

版权专有　侵权必究

前言

我们处在一个幸福的时代,也处在一个复杂的时代。科学技术的空前进步,物质财富的空前丰富,为我们造就便利生活的同时,也带来了巨大的诱惑。当我们在物质需求和精神需求的交叉路口迷茫时,或许我们可以从古代先贤对子孙后代的家训中得到一点儿智慧。

古语有云"天下之本在家"。家,是我们生命中永恒的主题,也是我们人生中的第一个课堂。从三国时期诸葛亮的《诫子书》到南北朝颜之推的《颜氏家训》,从北宋司马光的《家范》到明代朱柏庐的《朱子家训》,古人通过家训教导后世子孙应该如何立身、治家、为人处世,如何规范自己的言行举止,树立远大的志向。

修身、齐家、治国、平天下,是古代先贤的崇高理想。"一粥一饭,当思来处不易。半丝半缕,恒念物力维艰。"这是朱柏庐在告诫后人不能骄奢淫逸。"非学无以广才,非志无以成学。"这是诸葛亮在告诫儿子定要勤奋好学。"人苟能自立志,则圣贤豪杰何事不可为?"这是曾国藩在告诫弟弟应当志存高远。

穿越数千年,这些家训中的智慧在今天仍然熠熠生辉。本书就是从这些家训中拾取吉光片羽,编撰成册。同时,书中辅以生动有趣的漫画小故事,让孩子轻松阅读,快乐学习。

目录

1	为志向而努力
11	学习要有志、有识、有恒
17	不能荒废学问
25	活到老,学到老
31	不以个人好恶论是非
37	必须要不断地学习
45	耳听为虚,眼见为实
51	要亲近有德行的人
59	善于听取别人的意见
65	学习要锲而不舍

为志向而努力

凡将相无种,圣贤豪杰亦无种,只要人肯立志,都可做得到的。

——曾国藩《字寄纪瑞侄左右》

所有的将军、丞相都不是天生的、祖传的,贤德的圣人、英雄豪杰也是这样,只要一个人愿意立下志向,人人都可以做到。

3 分钟

家训小故事

李时珍学医

古时候医生这个职业不被人尊重，李时珍曾被父亲逼迫参加科举入仕。

"李大夫，多亏你的膏药，我现在腰不酸了，背不疼了，腿也不抽筋了！"

"那就好，那就好……"

"我也要像爹爹一样成为救死扶伤的医生！"

李时珍

"不行！你未来的职业规划我早就做好了——读书做大官！"

"您看病，我抓药，多有前途……"

尽管聪明的李时珍14岁便中了秀才，但热爱医学的他对八股文一点儿不感兴趣。考举人三次落榜后，父亲终于同意他成为一名医生。

"这么简单的题都能答错，你说，你是不是故意的？"

就这样，李时珍经过长期实地调查，遍尝百草，辨疑正误，终于著成了《本草纲目》。

李时珍在世人不尊重医生这个职业，父亲也不支持他的志向的情况下，仍然立志从医，通过实践出真知，编著了《本草纲目》，最终成就了他一代名医的不朽传奇。这个故事也印证了，所有的伟人都不是天生的、祖传的，任何人只要愿意立下志向，并为此面对种种挫折，不断努力，就可以成才。

家训小板报

你在听了李时珍的故事后有什么感想呢?你是否也像他一样,早已在心中立下了一个不得了的志向呢?或许是长大后成为一名科学家,探索外太空,又或者是成为一名舞蹈家,在世界大舞台的聚光灯下展现自信的舞步……不过,在实现梦想之前,我们一定不能忘了一个重要的步骤——实践出真知。李时珍也是通过多年的学习与实践,不断累积经验,才最终成为一代名医的。

所以,让我们暂且放慢脚步,想一想,你在人生的每个阶段,为实现梦想这个大目标,都需要完成哪些事情?累积哪些经验?尝试为自己的人生定下一个个小目标,并应用你学过的家训,为这些目标写一些激励自己的话吧!

拓展 互动

例:

小学阶段

目标:我想成为一名演奏家。

实践:尝试各种我感兴趣的乐器。

结果:我想成为一名大提琴演奏家。

写给自己的家训:凡将相无种,圣贤豪杰亦无种,只要人肯立志,都可做得到的。

家训小板报

曾国藩是晚清时期著名政治家、军事家、理学家和文学家，被誉为晚清四大名臣之一。在为官期间，曾国藩做过许多为人称道的大事，他组建湘军、创办军械所，还带领一批匠人独立建造出了中国第一艘蒸汽轮船"黄鹄号"。

然而，曾国藩并非一个天资聪颖的人，少年时期的他可以说十分笨拙。至今，在曾国藩的家乡还流传着这样一个故事：一天夜里，曾国藩正在背诵文章，有个小偷潜入他家，躲在房梁上，等着曾国藩背完书离开。结果，天都快亮了，就连躲在房梁上的小偷都听会了，曾国藩还是没背下来。

名人号外

曾国藩 字伯涵 号涤生
晚清四大名臣之一

家训小板报

最终，小偷实在等得不耐烦了，就从房梁上跳了下来，当面背诵了一遍给曾国藩听，然后生气地离开了。

此后，曾国藩不仅自己更加努力读书，也把敦促弟弟妹妹读书的事当作自己的责任。他常说："我尽孝道的方式没有别的，只有认真教导弟弟妹妹。如果在我的教导下，他们一个都没有成才，我就是大不孝啊！"

名人号外

后来，人们将曾国藩写给家人的家书整理成册，编成了《曾文正公家书》。这些家书涉及的内容十分广泛，涵盖了修身、教子、持家、交友、用人、处世、理财、治学、治军、为政等各个方面。

从这些家书中，我们可以看到曾国藩一生不同时期待人接物、求学治国、兼济天下的处事态度，了解到这样一位被李鸿章评价为"威名震九万里，内安外攘，旷世难逢天下才"的贤能之士的人生智慧。

学习要有志、有识、有恒

盖士人读书，第一要有志，第二要有识，第三要有恒。有志则断不甘为下流；有识则知学问无尽，不敢以一得自足，如河伯之观海，如井蛙之窥天，皆无识者也；有恒则断无不成之事。此三者缺一不可。

——曾国藩《十二月二十日致诸位贤弟书》

读书人在读书时，第一要有志向，第二要有见识，第三要有恒心。有远大的志向，就绝对不会甘心于平庸卑下；有见识，就知道学海无涯，不敢因为一知半解而自满自足，如同河伯观看大海，井底之蛙窥测天空一样，这都是无见识之人的行为；有恒心，就绝对没有做不成的事情。这三者是缺一不可的。

赵襄子学车

3分钟家训小故事

赵襄子是春秋末期晋国的六卿之一,曾经向晋国有名的驭(yù)手[1]王良学习驾车。

礼、乐、射、御、书、数,一样都不能荒废,还请先生多多指教。

您放心,我一定将驾车技术倾囊(náng)相授。

双手握紧缰(jiāng)绳,双眼直视前方……

啊——

您是不是哪里不舒服?

我……我只是晕车……

[1] 驭手:古代驾驭车骑的人。

专心刻苦、谦虚好学是一个人在读书、学习时不可或缺的宝贵品质。赵襄子不明白其中的道理，刚学会了驾车的技巧就沾沾自喜，以为自己能在比赛中取得胜利，殊不知他学会的只是皮毛。所以，真正的学习不仅是学会知识，还要学会将知识活学活用，更是要培养出良好的学习习惯。

家训小板报

原文：吾辈读书，只有两事：一者进德之事，讲求乎诚正修齐之道，以图无忝（tiǎn）所生；一者修业之事，操习乎记诵词章之术，以图自卫其身。

译文：我们这些人在读书上，只有两个方面的要求：一方面是进德，就是要讲求诚意正心修身齐家的道理，以图不辜负天地父母；另一方面是修业，就是要熟悉写作诗词文章的本领，以图维护自身生活。

原文：秀才者，读书之种子也。世家之招牌也，礼义之旗帜也。谆嘱瑞侄从此奋勉加功，为人与为学并进，切戒骄奢二字，则家中风气日厚。

译文：秀才就是读书的种子、世家的招牌、礼义的旗帜。恳切地嘱咐瑞侄从此更加用功，做人和做学问一起进步，一定要戒"骄奢"二字，这样家里的风气就会越来越淳厚。

——曾国藩《曾国藩家书》

不能荒废学问

玉不琢，不成器；人不学，不知道。然玉之为物，有不变之常德，虽不琢以为器，而犹不害为玉也。人之性，因物则迁，不学，则舍君子而为小人，可不念哉？

——欧阳修《诲学说》

　　玉不经过雕琢，就不能制成精美的器物；人如果不学习，就不会懂得道理。然而玉这种东西，有它永恒不变的特性，即使不琢磨制作成器物，也还是玉，它的特性不会受到损伤；人的本性，很容易受到外界事物的影响而发生变化。因此，人们如果不学习，就会失去君子的高尚品德从而变成品行恶劣的小人，这难道不值得深思吗？

3分钟家训小故事

江郎才尽

南北朝的大才子江淹从小与母亲相依为命,虽然家境贫困,但凭着自身的努力,青年时代就才华出众。

江淹

秋日心容与,涉水望碧莲……

出口成章,不愧是"才子江郎",好帅啊!

你真俗,我只喜欢江郎的才华!

两样我都喜欢!

刘景素

早就听说你才华横溢,我决定向朝廷推荐你做官!

在下谢过建平王了。

建平王刘景素很欣赏江淹的才华,于是提拔他做了南兖州的官。

但是好景不长,江淹上任没多久,就被诬告受人贿赂,进了大牢。

　　天才是百分之一的灵感加上百分之九十九的努力。一个人再有天赋，也必须要不断学习，不能荒废学问。江淹就是因为在官运亨通之后，忽略了自身的提高，文采才会渐渐失去。所以说，如果要取得更高的成就，我们必须要坚持不懈地学习。

家训小板报

"唐宋八大家"之一的欧阳修是北宋赫赫有名的文坛领袖，他的文章影响了宋朝一代的文风，对北宋文学的发展做出了巨大的贡献。不过，欧阳修一生的经历却并不顺遂，他四岁丧父，与相依为命的母亲投靠叔叔。叔叔家中虽然不算富裕，但并没有苛待欧阳修母子，小欧阳修在叔叔家博览群书，年纪轻轻就才华横溢。

二十三岁时，欧阳修考取了功名，几年后，他入朝为官，结识了一群有识之士，共同在官场上施展才华。但好景不长，欧阳修的好友范仲淹主张的"庆历新政"失败，作为改革的支持者，欧阳修也遭遇了一次又一次的贬官。

当他被贬到滁州做太守时，写下了"醉翁之意不在酒，在乎山水之间也"的千古名作《醉翁亭记》。一系列的挫折并没有把欧阳修打败，他把政治失意、仕途坎坷的苦闷寄情于山水之间，消融于与民同乐之间，表现了他随遇而安、与民同乐的旷达情怀。

欧阳修

正如他在写给儿子的《诲学说》中所言："玉不琢，不成器；人不学，不知道。"欧阳修以此来告诫儿子，人就像玉石一样，需要不断经受雕琢磨砺才能成才。努力学习，提升学识修养与品德内涵，进而才能有所作为。

名人号外

欧阳修　字永叔　号醉翁、六一居士
北宋政治家、文学家、史学家

活到老，学到老

幼而学者，如日出之光；老而学者，如秉烛夜行，犹贤乎瞑目而无见者也。

——颜之推《颜氏家训》

从小学习的人，就像早晨的太阳光芒四射；到老年才开始学习的人，则像手持蜡烛夜间行路。但即使这样，也比闭着眼睛什么都看不见的人强。

3分钟家训小故事

秉烛而学

春秋时，七十岁高龄的晋平公想要学习，但又担心自己岁数太大。

作为一国之君，有必要经常给自己充电，提高个人素质和执政能力。

但我都这把年纪了……唉！

晋平公把苦恼告诉了师旷[1]。

我一大把年纪了，眼睛、脑子都不好使了。你说我现在开始学习，会不会太晚了？

现在？不晚！

这个给您！

---

[1] 师旷：春秋时期著名的盲人乐师，也是杰出的政治家和博古通今的学者。

您现在的学习能力虽然比不上青壮年时期,但是点上蜡烛走路总比摸黑走路要强得多,不是吗?

活到老,学到老!秉烛而学胜过不学,有道理啊!

在师旷的成功劝说下,晋平公拿起了书本。

人们常说:"种一棵树最好的时间是十年前,其次就是现在。"晋平公年已七十,却能为了提高自己而再次学习。但是,有些人整日悔恨一直在浪费光阴,却始终不愿开始奋发图强。所以,阻碍一个人取得进步的,不是他学习的能力,而是放弃学习的心态。只要想学习,无论从什么时候开始都不算晚。

家训小板报

俗话说：活到老，学到老。晋平公在师旷的鼓励下，七十岁时重新拿起了书本，学习治国之道；公孙弘四十岁才开始研读《春秋》，后来官至宰相；荀卿五十岁才开始到齐国游学，最终成为大学者。像他们这样到晚年仍然勤学不辍的精神，真是让人敬佩。

你在学校有没有遇见过休学的同学呢？假如，你有一个同学生病了，在家休养了很长一段时间，等他回到学校时，距离期末考试就只有一个月了。他觉得有些灰心丧气。这个时候，你会用哪些家训来开导他，告诉他从现在开始学习并不晚呢？

知识延展

家训小板报

原文：夫学者犹种树也，春玩其华，秋登其实。讲论文章，春华也；修身利行，秋实也。

译文：求学就像种树一般，春天可以赏玩它的花朵，秋天可以摘取它的果实。讨论文章，就好比赏玩春花；修身利行，就好比摘取秋果。

原文：光阴可惜，譬诸逝水。当博览机要，以济功业；必能兼美，吾无间焉。

译文：光阴值得珍惜，它就像那逝去的流水般一去不返。我们应当广泛阅读书中那些精要之处，以求对自己的事业有所助益。

原文：谚曰："积财千万，不如薄伎在身。"伎之易习而可贵者，无过读书也。世人不问愚智，皆欲识人之多，见事之广，而不肯读书，是犹求饱而懒营馔，欲暖而惰裁衣也。

译文：俗话说："积财千万，不如薄技在身。"容易学习而又值得推崇的本事，莫过于读书了。世人不管是愚蠢还是聪明，都希望认识的人多，见识的事广，但不肯去读书，这就好比想要饱餐却懒于做饭，想得身暖却懒于裁衣一样。

——颜之推《颜氏家训》

名句精选

不以个人好恶论是非

人心有所去取，去取谓之好恶。

——颜之推《颜氏家训》

人心对各种事物有舍弃或保留，这种舍弃或保留的心理就是好恶。

吴王恶鸟鸣

3分钟 家训小故事

春秋时期,吴王夫差曾在夜宴时,遇到了一只猫头鹰……

哪位美人再上来唱首歌啊?

啊，猫头鹰！

真不吉利！快来人赶走它！

这时，相国伍子胥出来阻止。

大王，它唱得不错，干吗要赶它走？

伍子胥

我讨厌它的声音！

为什么讨厌啊？

因为它的叫声不吉利！只要听到它的声音，就会有不祥之事发生！

吴王因为不喜欢猫头鹰的叫声，便想要将它赶走。人的天性就是这样，每个人都喜欢那些让自己感到舒适的事物，远离那些让自己不适的事物。然而，良药苦口利于病，忠言逆耳利于行。有时候正是那些让我们不适的事物或批评，才能真正地帮助我们，我们绝不应当忽略。

家训小板报

历史上许多君主都有自己的喜好,甚至说是癖好,这些事物或许能让他们自身感到舒适,但却在道德品行上对他们产生了极其恶劣的影响,乃至治国无能,影响整个朝代的命运。让我们看一看、评一评,你觉得这些君主的喜好存在什么问题?我们可以用哪些家训来劝诫他们,并引以为戒呢?

"和尚皇帝"萧衍

南朝梁武帝萧衍是一位痴迷佛学的皇帝,痴迷到什么程度呢?他曾四次放弃皇位,出家为僧。每次他都被大臣们找回来,才继续当皇帝,可见他对佛学的痴迷程度。

"小偷皇帝"萧宝卷

齐废帝萧宝卷是历史上有名的昏君,他有一个独特的癖好,就是当小偷。他喜欢去街上的屋子里偷东西,可又不愿被人看到。所以,一旦人们看到他行窃,就会被他处死。百姓们对这个荒唐的皇帝是又害怕,又厌恶。

知识 延展

什么?被发现了!你活不成了,哼!

必须要不断地学习

唯上智则研其虑、博其闻、坚其习、精其业，用之则行，舍之则藏。

——柳玭《戒子弟书》

真正的智者是完善自己的思想，增加自己的知识，坚持自己的习惯，精通自己的艺业，得到任用就施展才能，不被任用就退而隐居。

百闻不如一见

家训小故事 · 3分钟

汉宣帝时，西羌[1]入侵西汉边界。

赵充国

汉宣帝马上召集群臣，商议对策。

有谁了解西羌的具体情况？

汉宣帝

救命！

西羌在哪里？ 西墙？

---

[1] 西羌：西汉时对羌人的泛称，主要分布在今甘肃、青海、四川一带。

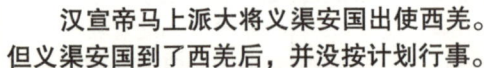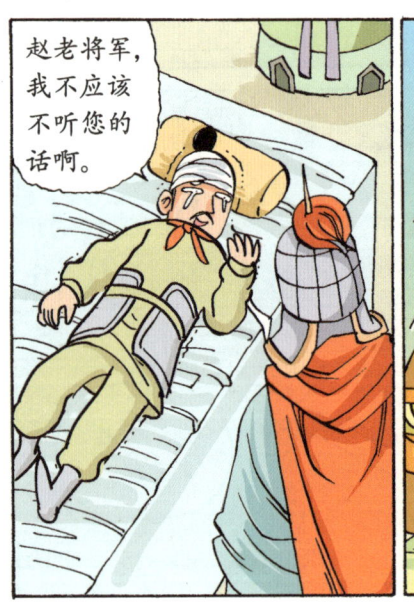

不久,赵充国就平定了羌人的侵扰,安定了西部。

义渠安国在不了解敌人的情况下就急躁冒进,导致兵败而退;而赵充国则虚心学习自己不了解的西羌知识,实地调查,制订了周密的作战计划,最终取得胜利。可见,明白"百闻不如一见"的道理,并且"用之则行,舍之则藏"的赵充国,才是真正有勇有谋的智者。

家训小板报

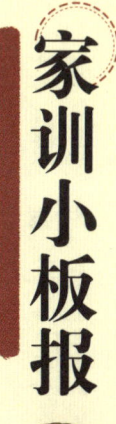

柳玭是唐朝的著名官员，也是大书法家柳公权的侄孙。柳家世代高官，门第显赫，教育子弟一直都非常严格。

到了唐代后期，社会风气逐渐衰败，奢靡之风盛行。许多世家大族，先辈为官正直廉洁，待人谦逊和顺；子孙却不务正业，整天斗鸡赛马、仗势欺人。柳玭看到这些世家的家风败坏，感到很有必要加强家庭教育。于是，他更加严格地要求自己的子孙后代，写下了《戒子弟书》。

在《戒子弟书》中，柳玭告诫子孙一定要在"修身"和"为学"这两个方面苦下功夫，不要依仗门第高贵而骄奢淫逸、胡作非为，要继承、发扬柳家的优良家风，成为一个品德高尚的人。

柳 玭 唐朝御史大夫

名人号外

家训小板报

原文：门高则自骄，族盛则人之所嫉。实艺懿行，人未必信，纤瑕微累，十手争指矣。所以承世胄者，修己不得不恳，为学不得不坚。

译文：门第高贵容易自骄自傲，家族昌盛就会被众人嫉妒。就算你有真才实学和美好品德，人们也未必相信，你若有细小的毛病和轻微的过失，人们就会竞相指责。因此，世家大族的子弟们，修身不得不诚恳真挚，治学不得不坚持不懈。

原文：莅官则洁己省事，而后可以言守法，守法而后可以言养人。直不近祸，廉不沽名。

译文：在官位上要注意清廉简政，而后才可以谈守法，守法之后才可以谈培养人才。为人正直，却不接近祸事；为人廉洁，却不沽名钓誉。

原文：急于名宦，昵近权要，一资半级，虽或得之，众怒群猜，鲜有存者。

译文：急于取得功名官位，拍马溜须亲近权贵，虽然如此或许能得个一官半职，可是却引来众人的愤怒和猜忌，这样的人是很少能够生存下去的。

名句精选

——柳玭《戒子弟书》

耳听为虚,眼见为实

谈说制文,援引古昔,必须眼学,勿信耳受。

——颜之推《颜氏家训》

谈话写文章,在引经据典时,必须是自己亲眼看到的,而不是耳朵听到的传闻。

3分钟家训小故事

沈括上山看桃花

沈括,北宋时期著名的科学家、政治家。他从小就勤学好问,善于思考。

同学们,今天我们来学一首名诗。

人间四月芳菲尽,山寺桃花始盛开……

老师,"芳菲尽"是什么意思?

教育小孩就要像我这样温柔有耐心。

"芳菲"是花的意思,"芳菲尽"就是说花都谢啦。

不对呀……花没全谢!后面说山上的桃花才刚刚开呢!

为什么别的花都谢了,山上的桃花却才开呢?为什么?为什么?为什么……

凭着这种坚韧不拔的求索精神，长大以后的沈括写出了著名的《梦溪笔谈》[1]。

俗话说"耳听为虚，眼见为实"。不管是做学问还是做事，都应该有自己的亲身体会和思考，而不是人云亦云。沈括生活在科学不发达的古代，却能拥有实事求是的科学观念，值得我们每一个现代人学习。

[1]《梦溪笔谈》：沈括用笔记体写成的重要科学著作，涉及多个方面，内容广泛、丰富。

家训小板报

在中国古代家训中，有许多教导子女"耳听为虚，眼见为实"的训诫。但你知道吗？在这句话的背后，其实蕴含着中国古代儒家思想的一个重要概念——格物致知。

格物致知指的是推究事物的原理法则而总结为理性知识。这个概念最早出现于西汉戴圣编撰的《礼记·大学》之中：

致知在格物，物格而后知至，知至而后意诚，意诚而后心正，心正而后身修，身修而后家齐，家齐而后国治，国治而后天下平。

在这句话中，我们也可以看到中国古代家训所倡导的"修身、齐家、治国、平天下"的基础思想，可见格物致知与中国古代家训的教育理念在一定程度上是相辅相成的。

家训可以引导子女正确对待世界、培养正确的价值观，而格物致知则可以帮助子女更好地理解世界、获得更多的知识。通过家训和格物致知的结合，子女就可以获得更加全面的教育和培养，从而更好地适应社会和发展自身。

你理解格物致知的意思了吗？你能举出哪些古人格物致知的例子？

知识延展

① 祖冲之将圆周率推算到小数点后七位。

② 明代科学家宋应星，著有世界上第一部关于农业和手工业生产的综合性著作《天工开物》。

要亲近有德行的人

正人君子,多落落难合,而侧媚小人,常倒在人怀,易相亲押。识见未定者遇此辈,即倾心腹任之,略无尔我,而不知其探取者悉得也,其所追求者无厌也,稍有不惬,即将汝隐私攻发于他人矣。名节身家,丧坏不小,孰若亲正人之为有裨哉。

——姚舜牧《药言》

人品正直的人,往往不容易合群。而谄媚阿谀的人,更容易与人亲近。缺乏主见的人碰上这样的小人,马上就倾心接纳,不分你我,却不知人家想要的东西已经全部得到了。这些小人所追求的东西是没有限度的,稍有不满意的地方,马上就会将你的隐私泄露给他人,对你的身家名节,会带来莫大的损害。这哪里比得上亲近正直之人对你的帮助呢?

齐桓公被近臣所害

家训小故事 ⏱ 3分钟

春秋时期,管仲辅佐齐桓公成为首位霸主,管仲病逝前,十分担忧齐桓公会亲近奸臣。

仲父,您可不能死啊!

生老病死是人之常情,大王不必难过……

可这样一来,我身边再也没有像您一样的能臣帮我治理国家了。

大王不必担忧。就算没有能臣,也会有忠臣的。

管仲去世后,齐桓公听他的话,把这三个人都赶出了宫。

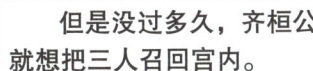
但是没过多久,齐桓公就想把三人召回宫内。

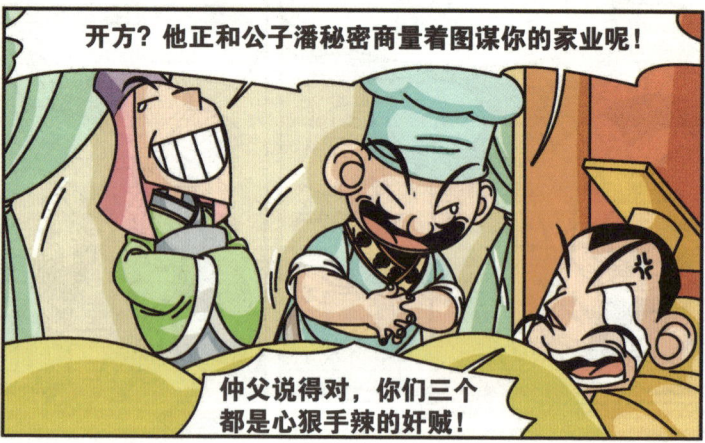

由于偏信奸臣,春秋五霸之一的齐桓公居然落得个被活活饿死的凄凉结局。

齐桓公因宠溺奸臣,最终在深宫之中被活活饿死。究其原因,就是在于齐桓公不能分辨人的善恶。无论是古代帝王,还是如今的普通人,在交友方面都应当谨慎。一个好的朋友会帮助我们,让我们获得进步,而坏的朋友则会蒙蔽我们的双眼,让我们不断堕落。不管是学习还是做事,我们都应远离那些"坏朋友"。

家训小板报

齐桓公受管仲辅佐，成为春秋五霸之中的第一位霸主，而管仲去世后，他却宠信奸臣与小人，把管仲劝诫自己的话当作耳旁风，最终落得一个亡己亡国的下场。历史上，像易牙、竖刁和开方这样蛊惑君主的小人还有很多，看看下面几个例子，说一说，如果你是君主身边的贤臣，你会用学到的哪些家训来规劝君主远离小人呢？

李林甫

李林甫是唐朝的宰相，为人奸诈阴险。他联合宦官、妃嫔们，一起迎合皇帝的喜好，并借皇帝的宠信来除掉自己的对手。他收罗党羽，广受贿赂，生活奢侈，使朝廷的风气越来越腐败，最终酿成了历史上著名的"安史之乱"，把唐朝带入了战火当中。

秦桧

秦桧是南宋时期的宰相。为了自己的荣华富贵，秦桧在宋金交战之际，陷害杀死抗金英雄岳飞，削弱宋朝的战力，随后主张与金国议和，向金国纳贡称臣。秦桧被后世视为中国第一大奸臣，一直被唾骂至今。

知识延展

善于听取别人的意见

夫王者,高居深视,亏听阻明。恐有过而不闻,惧有阙而莫补。所以设鼗树木,思献替之谋;倾耳虚心,伫忠正之说。

——李世民《帝范》

君主身处深宫之中,与百姓隔绝,不能看到天下所有的东西,不能听到天下所有的声音。唯恐自己有过失而不能听到,有缺漏而不能弥补。所以当年禹帝设了一个拨浪鼓,让人摇鼓诉说,尧帝树了一根"谤木",以采纳百姓意见。他们都侧耳倾听,虚心纳谏,期望得到有识之士的正直忠言。

善于劝谏的魏征

唐朝时期，唐太宗李世民即位后，大力选拔人才，而且鼓励大臣们把意见当面说出来。

李世民

在他的鼓励之下，大臣们也敢于说话了。特别是魏征，对朝廷大事，都想得很周到，有什么意见就在唐太宗面前直说。

历史上的君王，为什么有的明智，有的昏庸？

一个君王，如果能多听别人的意见，就会变得明智；若是骄傲自大，随自己的心意做事，就会变得昏庸。

魏征

作为皇帝，唐太宗能够容忍臣子的不敬，虚心纳谏；作为臣子，魏征甘冒生命危险直言劝谏，这样的君臣关系才是最和谐的。在日常学习和工作中，父母、师徒、上下级之间很多时候都会有争执，持不同意见的双方如果能够学习唐太宗和魏征的做法，那就一定能够相互帮助，共同进步。

家训小板报

唐太宗李世民的文治武功,自古就为人所津津乐道,颂扬备至。他在位初期,听取群臣意见,虚心纳谏。对内文治天下,厉行节约,劝课农桑,实现休养生息、国泰民安,开创"贞观之治"。对外开疆拓土,攻灭东突厥与薛延陀,征服高昌、龟兹和吐谷浑,重创高句丽。设立安西四镇,与北方地区各民族融洽相处,获得尊号"天可汗",为唐朝后来一百多年的盛世局面奠定重要基础。

晚年,李世民自撰《帝范》传与子女。他将人君之道总结其中,对为政者的个人修养、选任和统御下属的学问,乃至经济民生、教育军事等家国事务都做出了非常有见地的解答。《帝范》堪称李世民一生执政经验的高度浓缩。

名人号外

李世民　庙号太宗　谥号文皇帝　唐朝第二位皇帝

学习要锲而不舍

非学无以广才,非志无以成学。淫慢则不能励精,险躁则不能治性。

——诸葛亮《诫子书》

不学就不能增加才干,无志便不能在学习上获得成就。放纵怠惰就不能振奋精神,轻薄浮躁则不能陶冶性情。

孔子少时好学

家训小故事 · 3分钟

孔子是我国春秋末期伟大的思想家、政治家、教育家,儒家学派的创始人。在他很小的时候,母亲就开始教他读书识字。

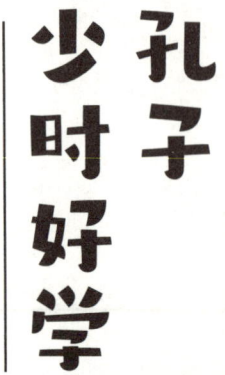

关关雎鸠,在河之洲……

今天我教你们的字都记住了吗?

都记住了。

那好,明天一早我要考考你们哟。

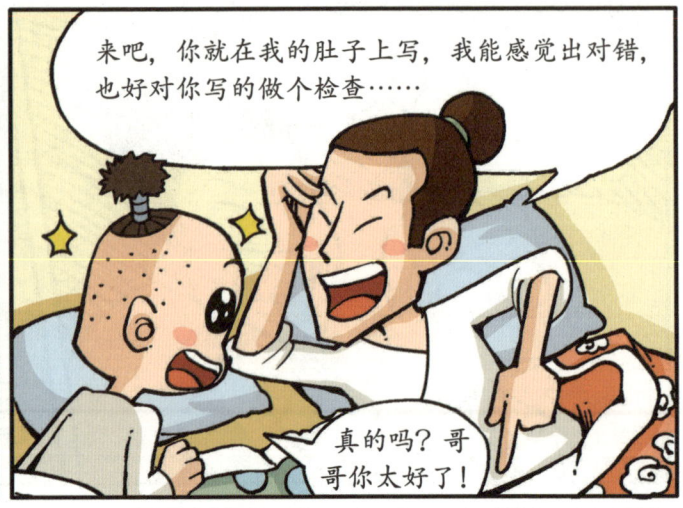

此后,孔子由于学习刻苦,加上超强的领悟能力,最终成为名扬四海的"圣人"。

孔子之所以能成为"圣人",不仅在于他天资聪颖,更重要的是他能够勤奋苦读。书是人类进步的阶梯,也是一个人成才的关键,然而,要想让书籍发挥作用,就离不开勤奋和努力,只有多读书,锲而不舍地苦读,人们才能从书本中获益。

家训小板报

孔子小小年纪便拥有勤奋苦读的觉悟,还与哥哥一起找到了背诵的小妙招——在哥哥的肚皮上默写诗文!

你和你的同学有没有一些背书的小妙招呢?尝试与同学相互分享背诵技巧,并组织一场有趣的背诵擂台赛吧!

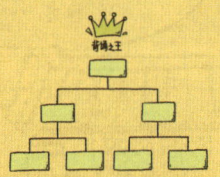

★背诵擂台赛★

准备工作:
裁判1人、选手4人、计时器1个(秒表、手表都可以)。

比赛规则:
1.晋级赛。4名选手两两分组,分别进行比赛。裁判计时5分钟,5分钟内,最先准确无误背诵出以下家训名句的人胜出,获得参加决赛的机会。

◇世人不问愚智,皆欲识人之多、见事之广,而不肯读书,是犹求饱而懒营馔,欲暖而惰裁衣也。
——颜之推《颜氏家训·勉学》

拓展互动

家训小板报

拓展互动

2.决赛。由晋级赛两组中的胜者进行决赛比拼,裁判计时5分钟,5分钟内,最先准确无误背诵出以下家训名段的人胜出,获得"背诵之王"的称号。

◇年富力强,却涣散精神,肆应于外。多事无益妨有益,将岁月虚过,才情浪掷。及至晓得收拾精神,近里着己时,而年力向衰,途长日暮,已不堪发愤有为矣。回而思之,真可痛哭!

  汝等虽在少年,日月易逝,斯言常当猛省。

——毛先舒《与子侄书》

名句精选

原文:夫志当存高远,慕先贤,绝情欲,弃疑滞,使庶几之志,揭然有所存,恻然有所感。

译文:一个人应该树立远大的理想,追慕先贤,节制情欲,抛弃凝滞之念,使成为贤才的志向,在身上明白地存留,恳切地感发。

原文:忍屈伸,去细碎,广咨问,除嫌吝,虽有淹留,何损于美趣,何患于不济?

译文:要能够适应顺逆不同境遇的考验,摆脱琐碎事务的纠缠,广泛地向贤人请教,根除自己怨天尤人的情绪。做到这些以后,虽然也有可能在事业上暂时停步不前,但又何损于自己美好的志趣,何患于事业不成功呢?

——**诸葛亮《诫外甥书》**